マイクラで楽しく理数系センスを身につける！

MINECRAFT

マインクラフト 公式ドリル

さんすう

［数・図形・パターン］

ステップ **2**
7・8才におすすめ

小 学 館

はじめに

保護者の方へ

この本の使い方

ようこそ、マインクラフトの数の世界へ！
本書では、マインクラフトのすばらしい世界を冒険しながら、
算数の力を向上させることができます。
この算数ドリル［ステップ2］は、7～8才のお子さま推奨となっています。
主人公のマックスとエリーと一緒にさまざまなものをつくったり、
宝探しに出かけたりしながら数の世界の冒険を楽しんでください。
冒険を進めながら問題を解くと、エメラルド 🟢 を入手できます。
手に入れたエメラルドは、
最後のページで好きなアイテムと交換することができるので、
ぜひがんばってください！
少し難しい問題にはハート 🖤 がついていますので、
必要に応じてお子さまのサポートをしてあげてください。
答えは巻末をご覧ください。

※本書は、イギリスの原書をもとにした翻訳本です。イギリスの算数のカリキュラムに基づいていますので日本の7～8才のカリキュラムでは習わない範囲の問題が出てくる場合がありますが、その際は適宜お子さまのサポートをお願いします。どうしても難しい問題の場合には、飛ばして先に進んでいただいて問題ございません。

主人公の紹介

大きなものから小さなものまで、マックスはどんなものでも自分でつくってしまいます。建物を建てたり、道具をつくったり、つねに何かしているため、いつもお腹がペコペコです。そんなマックスはケーキが大好物。好きな色は緑です。この冒険で、エメラルド 🟢 をたくさん見つけましょう。

もうひとりの主人公、エリーは洞窟を探検して鉱石を見つけるのが大好き。いつもツルハシを持ち歩いています。キラキラと輝く鉄鉱石を見つけると、ついつい洞窟に入ってしまいます。そんなエリーの好きな色は金……もちろん金鉱石の色です！動物とのんびり過ごすのも大好きです。

マックス

エリー

もくじ

数、なんばんめ？、たし算、ひき算

タイガの　大きな木

　タイガは　とても　さむい　場所で、高い木が　よりそうように　生えています。木の　まわりには　ぶあつい　はっぱが　たくさん　ついています。

　丸くなって　ねむっている　キツネや　オオカミにも　出会えるかもしれません。うんが　よければ　草むらを　とびはねる　ウサギの　すがたも　見られるかも。

食りょうを　さがそう

　タイガの草は　平原の　草より　こいみどり色。ところどころに　生えているシダを切ると、小麦のたねが　見つかることもあります。カボチャも　たくさんみのっていて、トゲのある　しげみにはスイートベリーが　たくさん　みのっています。

夜のタイガ

　夜のタイガは　とても　きけんな　場所です。はっぱのせいで、モンスターやおとしあなも　よく　見えません。木を切って、小屋を　作れば、そこで夜をすごせる　けれど、近くを　さがせば、村が　見つかる　かもしれません。

新しい　いえ

　マックスは　新しい土地をぼうけん　しています。家も新しく　たてなければなりません。前の　家はピリジャーたちに　こわされてしまいました。つぎの家はもっと　しずかな場所に　たてるつもりです。地上を　歩いていたマックスは、村を見つけました。新しい家はあの村の近くに　たてることに　しましょう。

き数 と ぐう数

※「き数とぐう数」は、日本のカリキュラムでは小5でならいます。

タイガの森は まるで めいろ。すぐ、道にまよって しまいます。
しかし、マックスは まよわずに すすむことが できました。もうすぐ村です。
いろいろな どうぶつたちが 見えてきました。
下のどうぶつの絵を見て、1〜3の しつもんに 答えましょう。

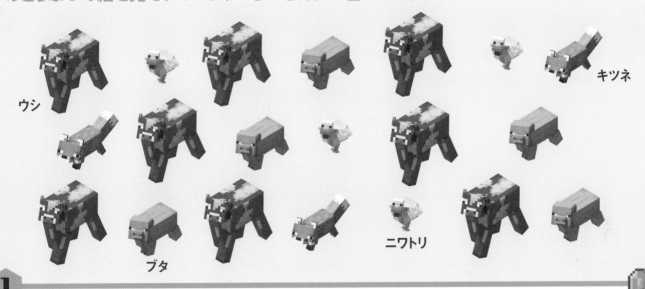

ウシ　キツネ　ブタ　ニワトリ

1

ウシの数を 数えましょう。
ウシは何頭いますか？ 数を□の中に 書きましょう。

2

マックスによると、ウシは ぐう数の数 いるようです。
「正しい」か 「まちがい」か。□のなかに 〇をかきましょう。
正しい　　　　　　　まちがい

3

ブタ、ニワトリ、キツネの数は それぞれ き数? それとも ぐう数?
「き数」か「ぐう数」で 答えましょう。

1) ブタ　　　...

2) ニワトリ　...

3) キツネ　　...

手に入れた 数の
エメラルドを 色で ぬろう!

2こずつ、3こずつ、5こずつ、10こずつ 数える

マックスは 村に やってきました。村人たちは はたけで ジャガイモや ニンジンを そだてている ようです。小麦の はたけも あります。

1

右の絵の ジャガイモを 2こずつ ○で かこんで 数を 数えましょう。
ジャガイモを ぜんぶ 合わせた 数を ☐の中に 書きましょう。

☐ こ

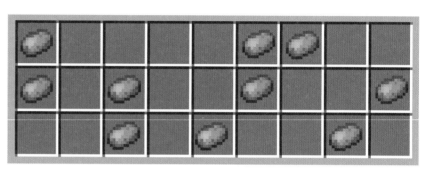

村人は そだてた 小麦で パンを作っています。
小麦を 3たば つかうと、パンが1こ できます。

2

下の絵は 村人が パンにする 小麦の数を あらわしています。

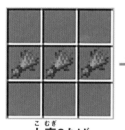
小麦3たば

 パン1こ

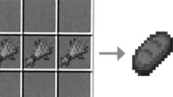

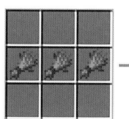

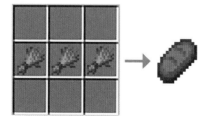

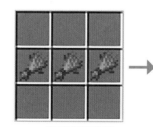

1) 小麦は ぜんぶで いくつ ありますか? ☐ たば

2) パンは ぜんぶで 何こ つくれますか? ☐ こ

マックスは　はたけを　たがやしている　村人に　会いました。
村人は　ニンジンを　売ってくれる　ようです。

3

ニンジンは　ぜんぶで　いくつ　ありますか？

□ 本

村人は　カボチャも　そだてています。1れつに　10このカボチャが　あります。

4

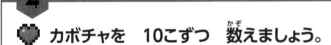 カボチャを　10こずつ　数えましょう。

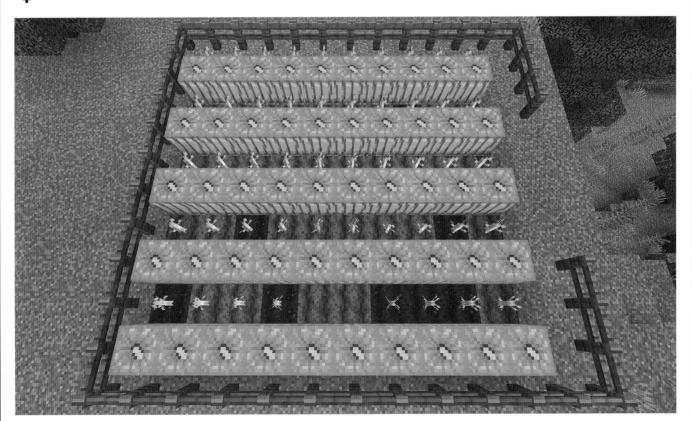

カボチャを　ぜんぶ合わせた数を　□の中に　書きましょう。 □ こ

手に入れた　数の
エメラルドを　色で　ぬろう！

じゅんに 数える、 ぎゃくに数える （100までの数）

マックスは この村が すきに なりました。歩いていると 近くに たいらな
土地が 見つかりました。新しい 家を たてるのに よさそうです。
マックスは 木ざいを つかって、家を たてることに しました。

1

マックスの 家の ブロックには、1から 100までの 数が 書かれています。
でも、数が 5こ ぬけています。ぬけている 5この数を、
下の ☐ の中に 書きましょう。

☐ ☐ ☐ ☐ ☐

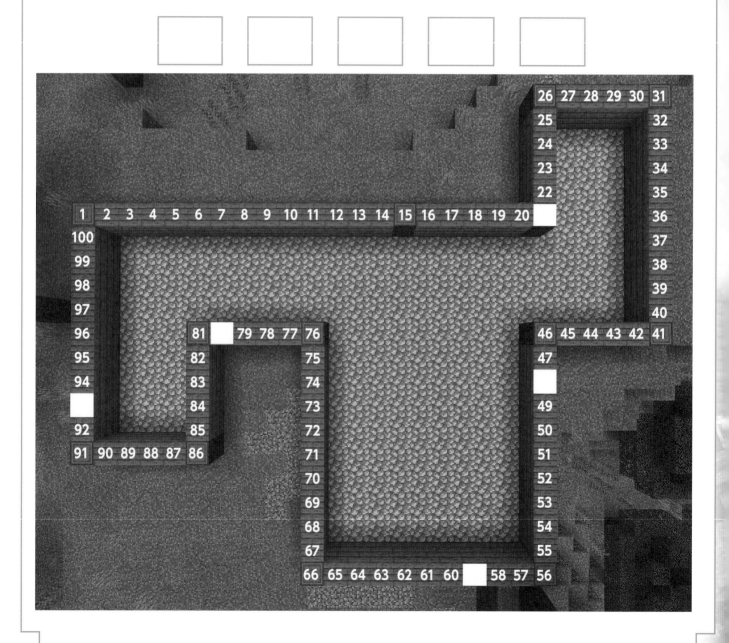

マックスは　新しい家の　1かいを　まず　作りました。2かいを　作る前に
はたけに　する　土地に　目じるしを　つけておきます。家の　よこから　どれくらい
はなれた場所に　フェンスを　たてたらよいか　考えながら、マックスは　歩いて
みました。

2

マックスは　67番の　ブロックを　見ています。そこから　じゅんに　1)～3)の数の
ブロックを　数えていった時、マックスは　何ばんの　ブロックを　見ている　でしょうか？

1)　7ブロックめ

2)　13ブロックめ

3)　19ブロックめ

3

マックスは　45番の　ブロックを　見ています。そこから　ぎゃくに　1)～3)の数の
ブロックを　数えていった時、マックスは　何ばんの　ブロックを　見ている　でしょうか？

1)　8ブロックめ　　　　2)　15ブロックめ　　　　3)　20ブロックめ

手に入れた　数の
エメラルドを　色で　ぬろう！

数の しくみ

そろそろ お昼ごはんに しましょう。石たんが あれば、かまどに 入れて 肉を やく ことが できます。近くに どうくつが あったので、マックスは 石の ツルハシを もって、石たんを ほりに 行きました。

1

下の それぞれの ブロックの まとまりは いくつの数を あらわして いますか？ 正しい 組み合わせの 数と絵を 線で むすびましょう。

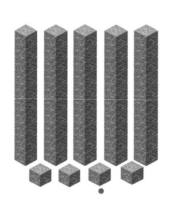
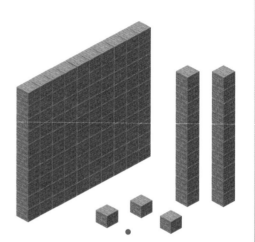

| 123 | 22 | 54 |

2

下の 絵の中に、ブロックは ぜんぶで何こ ありますか？ 数字を かきましょう。

1)
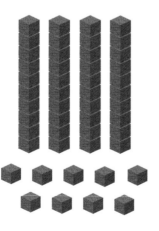

[   ] こ

2)
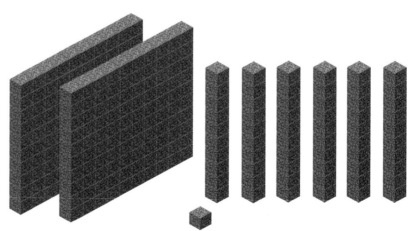

[   ] こ

マックスは　かまどに　ヒツジの　肉と石たんを　入れました。
りょうりを　している間に、家の2かいを　作りましょう。
2かいは　しん室、ものおき、図書室に　するつもりです。

3

マックスは　2かいを作るのに、ぜんぶで260この　ブロックを　つかいました。
260この　ブロックの中に　100、10、1が　いくつずつ　あるでしょうか？

100 [　　　] こ　　　　10 [　　　] こ　　　　1 [　　　] こ

マックスは　あまった　ブロックを　チェストに　しまいました。こうしておけば、
またこんど　何かを作る時に　つかえます。マックスは　大きなチェストに、
丸石、木ざい、花こう岩を　しまいました。

4

🖤 マックスが　しまった数は　丸石が400こ、木ざいが80こ、
花こう岩が8こ　です。100、10、1が　いくつずつ　あるでしょうか？

100 [　　　] こ　　　　10 [　　　] こ　　　　1 [　　　] こ

手に入れた　数の
エメラルドを　色で　ぬろう！

多い、少ない、同じ

マックスは キッチンとして 使う へやに、もう1こ かまどを おきました。

石たんの数が
多いほうの□に
〇を つけましょう。

石たん

下の絵を 見てください。それぞれの せつめいが 正しくなるように、
「多い」か「少ない」を書いて、文を かんせい させましょう

1)

ブタ

ウシ

ウシの数は ブタの数より ....。

2)

ヒツジ

ニワトリ

ニワトリの数は ヒツジの数より ....。

マックスの そだてた作物が 多くなりすぎてしまったので、
作物を エメラルドと 交かんすることにしました。

3

右の ひょうは、エメラルド1こと 交かん
できる それぞれの 作物の数を
あらわしています。
マックスが もっている 作物の数は、
小麦20たば、 ニンジン18本、
ジャガイモ30こ です。
エメラルド1こは これらの作物と
くらべて、 かちが 大きい (>) か、
小さい (<) か それとも、かちは
同じ (=) か答えましょう。 下の□に
>か、<か、=の記ごうを 書きましょう。

作物	エメラルド 1こと こうかん できる 作物の数
小麦	20
ニンジン	22
ジャガイモ	26

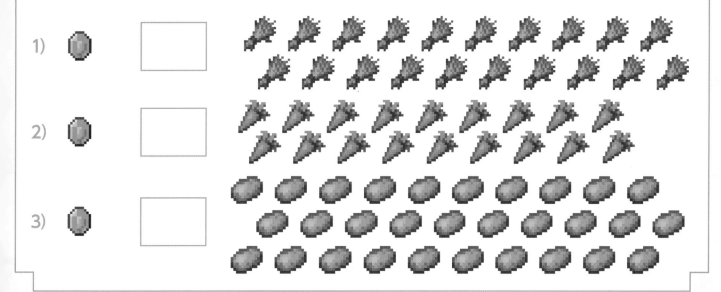

1) 　☐

2) ☐

3) ☐

てつの インゴットがあれば、もっと いろいろなものが 作れます。

4

❤ ぶきやに よると、エメラルド1こは てつの インゴット4こと 交かん できる
そうです。エメラルド2こは てつの インゴット 12こと くらべて、かちが
大きい (>)、小さい (<) それとも、かちは 同じ (=)?
下の □に >、<、=の どれかを 書きましょう。

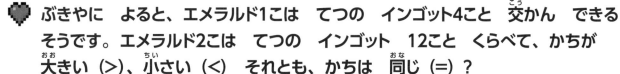

エメラルド 　☐  てつの
インゴッド

手に入れた 数の
エメラルドを 色で ぬろう!

2ばい と 半分

外から 大きな 音が 聞こえて きました。マックスが 角を まがると、村人たちが ピリジャー（とうぞく）と たたかっていました。村が おそわれて いるようです。うんが いいことに、マックスは ぶきを もっています。まず、マックスは 村の かねに 近づき、かねを うちました。かねの 音を 聞き、村人たちは 家に にげました。のこったのは、マックスと ピリジャーたち だけです。

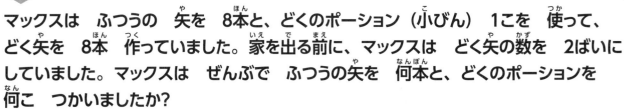

1

マックスは ふつうの 矢を 8本と、どくのポーション（小びん） 1こを 使って、どく矢を 8本 作っていました。家を出る前に、マックスは どく矢の数を 2ばいに していました。マックスは ぜんぶで ふつうの矢を 何本と、どくのポーションを 何こ つかいましたか?

ふつうの矢 = [　　　] 本　　　　どくのポーション = [　　　] こ

2

つぎの しきを かんせいさせましょう。

1) 1の 2ばい は [　　] 　　　1+1 = [　　] 　　　1×2 = [　　]

2) 8の 2ばい は [　　] 　　　8+8 = [　　] 　　　8×2 = [　　]

マックスは ピリジャーたちに 近づきます。ピリジャーたちは 24ブロック はなれた 場所に いますが、マックスは この きょりが 半分になったら こうげきする つもりです。

3

つぎの しきを かんせいさせましょう。

24の半分は [　　　] 　　　24−[　　] = 12 　　　24÷2 = [　　　]

マックスが 矢を うつと、ピリジャーも うちかえしてきます。たたかいの間に、マックスは ダメージを うけました。とつぜん、聞きおぼえのある声が 聞こえてきました。エリーが 助けに来てくれたのです!

4

1) マックスと エリーが うった 矢の数を 計算して、□の中に 書きましょう。

33 × 2 = ☐ 本

2) たたかいは おわりました。マックスと エリーが かったのです!
村人たちは おれいに リンゴを 64こ くれました。
2人で分けると、何こずつ もらえますか?

64 ÷ 2 = ☐ こ

おいわいの後、マックスと エリーは ピリジャーの きょ点を さがしました。ピリジャーたちは 高い とうを きょ点に しており、その てっぺんに チェストが ありました。中みは……てつのインゴット! これは もらっておきましょう。

5

1) マックスが 今 もっている てつのインゴットの 数は いくつですか?
しきを かんせい させましょう。

45 × 2 = ☐

てつの インゴット

2) チェストの中には 小麦も 入っていました。
マックスは 小麦を 半分 もらうことに します。
のこりは エリーに あげましょう。
マックスが 今 もっている 小麦の 数は いくつですか?

144の半分は ☐

小麦

手に入れた 数の エメラルドを 色で ぬろう!

15

いくつになるかな？

マックスは 自分の新しい家に エリーを しょうたい しました。マックスは そざいを すきなだけ もっていっていいよ、と エリーに言いました。エリーは 矢を作りたかったので、ニワトリの羽根を もらうことにしました。

1

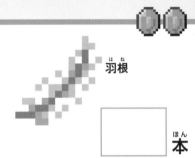
羽根

1) エリーは もともと 羽根を 30本 もっています。

マックスから 34本 もらいました。

エリーは今、ぜんぶで 何本の羽根を もっていますか？

☐ 本

2) エリーは そのうち 40本の羽根を つかって、矢を作ります。

のこっている羽根は 何本でしょうか？

☐ 本

マックスは にわの門まで エリーを見おくりました。
ねる前に、マックスは 作物の間に道を作る ことにしました。
みがかれた 花こう岩を つかって 2本の道を作ります。

2

♥ 1) マックスは みがかれた 花こう岩を 78こ もっています。

1本めの道に みがかれた 花こう岩を 36こ つかいました。

みがかれた 花こう岩は のこり 何こですか？

☐ こ

2) マックスは さらに 38この みがかれた 花こう岩を つかって、

2本めの 道を作ります。2本の道を作るために、マックスは

みがかれた 花こう岩を ぜんぶで 何こ つかいましたか？

☐ こ

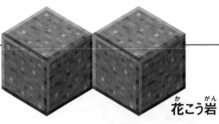
花こう岩

手に入れた 数の
エメラルドを 色で ぬろう！

ぼうけんを おえて……

タイガの くらし

タイガの バイオームが マックスの 新しい きょ点に なりました。ふたたび ぼうけんに出かけるまでの間は、ここで くらす つもりです。マックスには 新しい 家も あります。キッチン、すてきな しん室、それから 広い ものおき。近くの村に 友だちも できました。今では、作物も そだてています。

これからの ぼうけん

マックスは いつも 新しい チャレンジを もとめています。エリーから ワクワクする ような ぼうけんの話を 聞いて、その思いは 強くなる ばかり。タイガでの くらしは もう少し つづける つもりです。村人たちを 手つだって、食りょうを たくわえて おきましょう。マックスは もっと いいよろいと ぶきを 作る ことにしました。どんな てきが やってくるか わかりませんからね。

おやすみ前の どくしょ

マックスは にわの お気に入りの場所に すわっています。たいまつの 火をつけ、すきな 本を 読んでいます。太陽が しずみ、夜空には コウモリが とびはじめました。マックスの目は ゆっくりと とじていきます。さあ、おやすみの 時間です。

かけ算、わり算、分数

海に 出ぱつ

海を ぼうけんするには、じゅんびが とても大切です。海の うつくしさと おどろきを 思うぞんぶん あじわうに は、水の中で いきができる ポーション（小びんのアイテム）も もって行き たい ですね。ポーションがないと す ぐに いきが つづかなく なって し まいます。

たからものと モンスター

海は おぼれてしまう きけんが ある だけでなく、モンスターも ひそんで い ます。たとえば、水中のゾンビは トラ イデントという やりをなげてきます。 ガーディアンという、大きな目が 一つだ け ついていている モンスターも い ます。海ていしんでんの 近くに あらわ れ、ぶきはトゲと レーザーです。けれど、 すばらしい そざいも たくさん 見つか ります。たとえば、プリズマリン。海の そこで かがやくシーランタンも あり ます。

海の中の せかい

色とりどりの うつくしいサンゴ。タ ラや サケに まじって ねったい魚も およいでいます。イルカに タラをあげ て みましょう。ちんぼつ船や 海てい しんでんの たからものの 場所まで あん内して くれるはず。たからの 地 図を 手に入れれば、きちょうな アイ テム「海ようの心」が 見つかる かも しれません。

もぐって みよう

いよいよ エリーの ま ちに まった 日が やって きました。この日の ために フグを たくさん つかま えて、水中こきゅうの ポーションを ようい し ていました。ねったい魚と 水中の スイミングを 楽 しみ、海の ふかいところ をぼうけん しましょ う！

18

かけ算

海に　もぐると　すぐに、あざやかな　魚たちの　むれが　見えました。
樂しそうに　およいでいます。

1

クマノミ

エリーは　オレンジ色の　クマノミの数を
数えます。クマノミ　2ひきずつを　○で
かこんで　考えましょう。
クマノミは　ぜんぶで　何ひき?

2ひきずつが　6つで □ ひき

2

ネオンフィッシュ

エリーは　みどり色の　ネオンフィッシュの
数を　数えます。ネオンフィッシュ　2ひき
ずつを　○で　かこんで　考えましょう。
ネオンフィッシュは　ぜんぶで　何ひき?

2ひきずつが　5つで □ ぴき

3

エリーは　海草ブロックを　見つけました。ハサミで　切ると　海草が　2本　手に入りました。
エリーが　7この　海草ブロックを　切ると、それぞれから
2本の　海草が　手に入ります。エリーが　手に入れた
海草は　ぜんぶで　何本?

7この　海草ブロックから　2本ずつで □ 本

海草

4

エリーは　もようが　入った　さ岩（すなの岩）を　見つけました。
まず　10ブロックを　あつめ、さらに　10ブロック、さいごに　もう10ブロックを
あつめます。エリーが　あつめた　もよう入りの　さ岩は　ぜんぶで　何こ?

10ブロックずつ　3回で □ こ

同じ数ずつ 分ける

サンゴは とても きれいです。でも、きずつけないように、
そっとしておいて あげましょう。

1

エリーの前に 50ブロックの サンゴが あります。サンゴを 5ブロックずつ 10れつに
分けましょう。下の 絵の 1本めの れつを 見て つづきを 書いてみましょう。

サンゴ

サケ、イルカ、タラ、クマノミが およいでいます。

2

魚は ぜんぶで 24ひき います。イルカ、サケ、クマノミ、タラは
どれも 同じ数ずつ います。
24ひきが 同じ数ずつに 分かれるには、それぞれ 何びきずつに なれば よいですか?
下の □に 数字を 書きましょう。

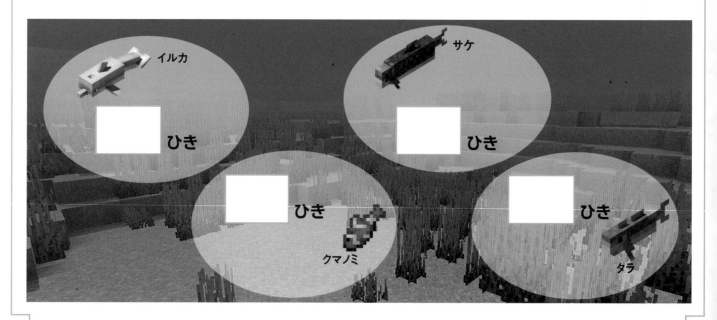

エリーが およいでいると、あさせに 出ました。地めんには ねん土が 広がっています。
ねん土を 少し あつめて おきましょう。
ねん土は かまどで やくと、レンガに なります。

3

ねん土ブロック 1こは、
ねん土玉 4こに なります。
エリーは ねん土ブロックを 8こ
あつめました。

 =
ねん土玉

ねん土ブロック

ねん土ブロック 8こ から 何この ねん土玉が 手に入りますか?

□ こ

海から あがった エリーは 水べに 生えている サトウキビを あつめました。
サトウキビは サトウに なり、りょうりに つかえます。
サトウキビを 紙にする ことも できます。

4

エリーは サトウキビを 30たば あつめました。エリーは 紙を作る ために
サトウキビを 3たば ずつの まとまりに 分けました。
下の サトウキビを、3たばずつ 〇で かこんでみよう。

サトウキビ

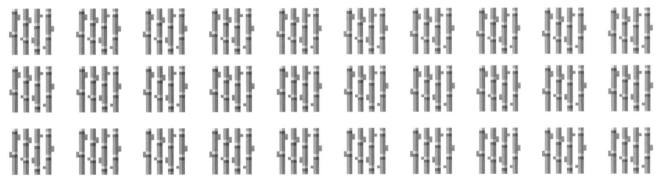

サトウキビを どうやって 分けたのか、下の □に 数字を 書きましょう。

30たばを 3たば ずつ わけると 3たば ずつの まとまりが □ こ できる

30 ÷ 3 = □

2×□、5×□、10×□

エリーは また 海に もぐり、海の そこで たからを さがします。遠くに、
やわらかい 光が 見えます。およいでいくと、シーランタンの 光に てらされた
広い 場所に 出ました。

1

エリーは シーランタンを あつめようと しています。
シーランタンは しゅうかくすると プリズマリンの クリスタルに なります。
シーランタン 1こ から プリズマリンの クリスタルが 5こ とれます。

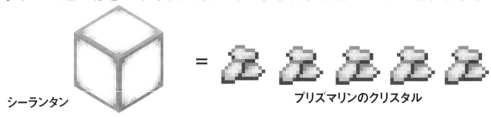

シーランタン

＝

プリズマリンのクリスタル

シーランタン 6こ あつめると クリスタルは 何こ とれるでしょうか?

$5 \times 6 = $ ▢ こ

つぎに、エリーは コンブを 見つけました。
コンブは かまどの ねんりょう として つかえます。

2

コンブの ブロックを
こわすと、1ブロックにつき
コンブが 1本 手に
入ります。コンブは
それぞれ 5ブロックの
高さが あり、それが5本
生えています。

エリーは ぜんぶで
何本の コンブを
あつめられる でしょうか?

$5 \times 5 = $ ▢ 本

←5ブロックの
高さの
コンブ

エリーが およいでいると、またまた サンゴが 見えて きました。エリーは むらさき色の
サンゴが とくに お気に入り。サンゴはブロック10コ分の 高さが あります。

3

サンゴの はしらが
7こ あります。
ぜんぶ 合わせると サンゴの
ブロックは 何こ ありますか?

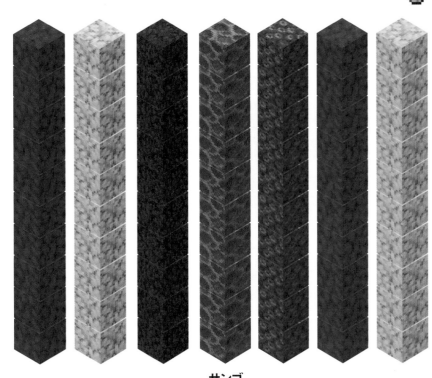

サンゴ

$10 \times 7 =$ ◻ こ

ビーチに もどったら、エリーは すなを ほって さ岩ブロックを 20こ あつめる
つもりです。さ岩ブロックを はしらに して、家を たてます。

4

 さ岩ブロックを 20こ つかいます。下の 高さにすると、
はしらは 何本 作れますか?

1) さ岩ブロック 2こ の はしらだと ◻ 本

2) さ岩ブロック 5こ の はしらだと ◻ 本

3) さ岩ブロック 10こ の はしらだと ◻ 本

手に入れた 数の
エメラルドを 色で ぬろう!

2ばい と 半分

エリーは 近くを およいでいた イルカに タラを あげました。タラを 食べると
イルカは どこかに およいで いきました。エリーは 後を おいかけます。
イルカは ちんぼつ船の 上で 止まりました。船は まっ二つに われ、
そのすきまに チェストが 2こ 見えています。

1

下の絵は チェスト 1この 中に 入っている アイテムの 数を あらわしています。
あいている 下の絵の 横に 同じ数の アイテムを書いて、2ばいに しましょう。
さらに それぞれの □ に 合計の数を 書きましょう。

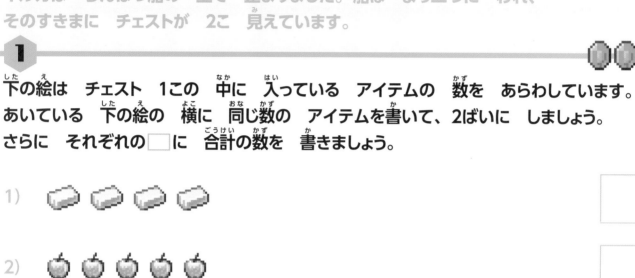

1) ▭

2) ▭

3) ▭

2

今のところ、エリーは 海の中で きけんを さけてきました。
でも、たくさんの ドラウンドを 見かけました。ドラウンドたちは
2体で 1この まとまりになって うごいている ようです。
つぎの ドラウンドの 数は それぞれ何体ですか?

1) ドラウンドの まとまりが 12こ ▭

2) ドラウンドの まとまりが 20こ ▭

3) ドラウンドの まとまりが 24こ ▭

ドラウンド

エリーは あさせに むかい、 スイレンの 葉を あつめました。
これで 家の かざりつけを するつもりです。

3

葉を 半分に 分けるため、右がわの しきを かんせい させましょう。
÷2は 半分にする ことです。

1) 　　　　　　　　　　　　　　　　　　　　　　　　　 ☐ ÷ 2 = ☐

2) 　　　　　　　　　　　　　　　　　　　　　　　　　 ☐ ÷ 2 = ☐

エリーは チェストを 作り、水べに おきました。ここに アイテムを しまいます。

4

♥ エリーは ねん土で、水色の テラコッタ(ねん土で できた ブロック)を 作る
つもりです。水色の せんりょう(色をかえることができるアイテム)1こを つかうと、
水色の テラコッタを 8こ 作れます。

8を 2ばいにして、さらに 2ばいにして…と、テラコッタが 64こに
なるまで ☐に 数字を 書きましょう。

8 —(2ばい)→ ☐ —(2ばい)→ ☐ —(2ばい)→ ☐

5

♥ エリーは それぞれの そざいを 何こ もっているでしょうか?
下の ☐に 数字を 書きましょう。

1) 9この 青い せんりょうは、エリーが もっている ぜんぶの 数の 半分。

エリーが もっている 青い せんりょうの 数は ぜんぶで ☐ こ。

2) 13この さ岩ブロックは、エリーが もっている ぜんぶの 数の 半分。

エリーが もっている さ岩 ブロックの数は ぜんぶで ☐ こ。

3) 17この サトウキビは、エリーが もっている ぜんぶの 数の 半分。

エリーが もっている サトウキビの 数は ぜんぶで ☐ こ。

手に入れた 数の
エメラルドを 色で ぬろう!

かけ算、わり算、分数

同じ数の まとまりを 考える

エリーは もう一度 水の中へ とびこみました！
魚たちと およぐと、心が おちつきます。

1

エリーは 3びきの魚が まとまりになって およいでいるのを 見つけました。

魚は ぜんぶで 6ぴき います。まとまりは 何こ あるでしょう？ □ こ

2

エリーは 魚に かこまれて います。数を 数えてみると 魚は 48ぴき いました。
イルカが とびこんできて、魚の 半分が にげてしまいました。

のこった 魚は 何びき？ □ ひき

エリーが 魚に 見とれているうちに ドラウンドたちが 近よってきました。

3

20の ダメージを あたえると ドラウンドを たおせます。下の それぞれの ぶきで こうげきした場合、エリーは 何回 こうげきを 当てれば たおせるでしょう?

1) 木の ツルハシ： 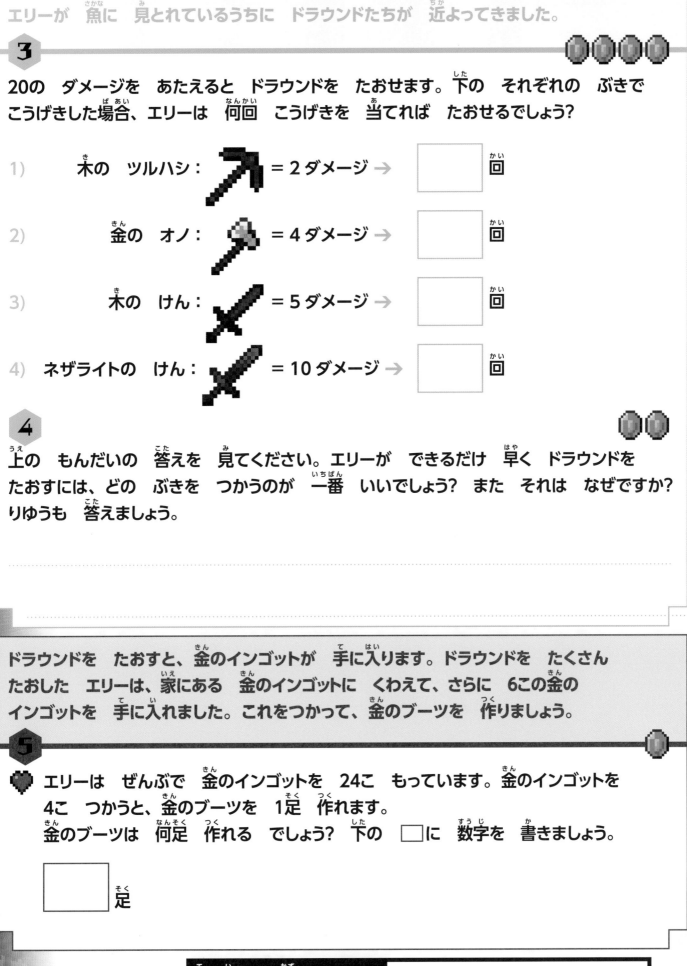 ＝ 2ダメージ → [　] 回

2) 金の オノ： ＝ 4ダメージ → [　] 回

3) 木の けん： ＝ 5ダメージ → [　] 回

4) ネザライトの けん： ＝ 10ダメージ → [　] 回

4

上の もんだいの 答えを 見てください。エリーが できるだけ 早く ドラウンドを たおすには、どの ぶきを つかうのが 一番 いいでしょう? また それは なぜですか? りゆうも 答えましょう。

ドラウンドを たおすと、金のインゴットが 手に入ります。ドラウンドを たくさん たおした エリーは、家にある 金のインゴットに くわえて、さらに 6この金の インゴットを 手に入れました。これをつかって、金のブーツを 作りましょう。

5

エリーは ぜんぶで 金のインゴットを 24こ もっています。金のインゴットを 4こ つかうと、金のブーツを 1足 作れます。
金のブーツは 何足 作れる でしょう? 下の □に 数字を 書きましょう。

[　] 足

手に入れた 数の
エメラルドを 色で ぬろう!

27

分数って なあに?

海の ふかい ところには、どうやら 大きな たてものが あるようです。
エリーが およいで 近づくと、チクリと 何かが 体に ささりました。

1

体力バーは 赤いハートが 10こ あると、まんたん です。
エリーの今の 体力は 半分に なっています。
半分を あらわしている 体力バーの □に 〇を つけましょう。

エリーの すぐそばに かわった 生きものが います。大きな目が 一つ、
ぜんしんが トゲで おおわれた 生きもの……そう、ガーディアンです!
トゲを うって きます! エリーの 体力は $\frac{1}{2}$ になって しまいました。

2

体力バーが のこり $\frac{1}{2}$ に なるように 色を つけましょう。

3

やがて、エリーの 体力は ハート 1こぶん だけに なって しまいました。
体力を かいふくする ために、エリーは かいふくの ポーションを のみます。
ポーションを 1こ のむと、ハートを4こ かいふく できます。

かいふくの ポーション = ハートを 4こ かいふく

かいふくの ポーションを1こ のむと、体力バーは のこり どれくらいに なりますか?
分数で 答えましょう。正しい 答えの □に 〇を つけましょう。
下の 体力バーに 色を つけて 考えて みましょう。

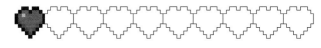

$\frac{1}{4}$ □ $\frac{1}{2}$ □ $\frac{3}{4}$ □

エリーは ガーディアンから にげだしました。体力は まんたんに もどりましたが、たたかいの せいで おなかが へっています。まんぷくどは ゲージ 1こが まんぷくど 2ポイントを あらわして います。だから、ゲージが 10こ だと まんぷくどは 20ポイントに なります。

エリーの 今の まんぷくどは 5ポイント あります。まんたんが 20ポイント です。分数で いうと、まんたんまで あと どれくらい?
正しい 答えを ◯で かこみましょう。

$\frac{3}{4}$	$\frac{1}{2}$	$\frac{2}{4}$	$\frac{1}{4}$

おなかが へっている時には、ケーキが一番!

ここに ケーキが3こ あります。3とうぶん されている ケーキの □に ◯をつけよう。

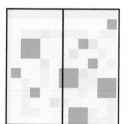
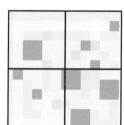
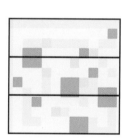

下の それぞれの 体力バーと、右の 分数が 正しい 組み合わせに なるよう、線で むすびましょう。

 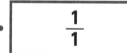

| $\frac{1}{1}$ |
| $\frac{3}{4}$ |
| $\frac{1}{4}$ |
| $\frac{1}{2}$ |

手に入れた 数の エメラルドを 色で ぬろう!

29

分数

エリーは ガーディアンの ことが 気に なっています。ガーディアンは きけんな てきですが、何やら 大きな たてものを まもっています。
もう少し、近づいてみると……それは海てい しんでん でした!

1

下の絵は しんでんの 近くにいる ガーディアンの数を あらわしています。

1) 上の絵の ガーディアンの数を数えて □ に書きましょう。

ガーディアンは □ 体。

2) ガーディアンの 半分の数を 〇でかこみ、
下の □ に あてはまる 数字を書いて 文を かんせい させましょう。

□ 体 の $\frac{1}{2}$ は □ 体

エリーは 海てい しんでんの 中を およぎながら、ガーディアンたちと たたかいます。ガーディアンは ビームや、トゲを とばして じゃまを してきますが、エリーは それを よけます。

2

ガーディアンを たおすと、プリズマリンの かけらが 手に 入りました。
エリーは プリズマリンの かけらを 20こ あつめました。

プリズマリンの
かけら

1) プリズマリンの かけらの $\frac{1}{4}$ に 〇を つけて、
右の □ に 数字を 書きましょう。

20この $\frac{1}{4}$ は □ こ

2) プリズマリンの かけらの $\frac{3}{4}$ に △を つけて、
右の □ に 数字を 書きましょう。

20この $\frac{3}{4}$ は □ こ

ガーディアンの　数が　へったので、エリーは　しんでんの　中を　たんけんしました。
水中こきゅうの　ポーションが　なくなりそう　なので、長くは　いられませんが、
中の部屋に　つくと、すごい　はっ見が　ありました。

3

たからの　へやです！　エリーの　前に　プリズマリンの　ブロックが　24こ　あります。下の
分数の　もんだいの　答えを □ の中に　書きましょう。

1) プリズマリン　24ブロックの　$\frac{1}{4}$ は [　　] ブロック。

2) プリズマリン　24ブロックの　$\frac{1}{2}$ は [　　] ブロック。

3) プリズマリン　24ブロックの　$\frac{1}{3}$ は [　　] ブロック。

4) プリズマリン　24ブロックの　$\frac{3}{4}$ は [　　] ブロック。

プリズマリンの
ブロック

とつぜん、大きな　ガーディアンが　へやに　やってきました。
ふつうの　ガーディアンより　ずっと強い　エルダーガーディアンです！

4

 エルダーガーディアンは　32ブロック　はなれた　ところに　います。下の　それぞれの
しつもんに　ついて、□の中から　正しい　答えを　えらびましょう。

$\frac{1}{2}$	$\frac{1}{4}$	$\frac{3}{4}$

1) エリーが　8ブロック　およぐと、エルダーガーディアン　まで
どれくらい　近づけますか？

....

2) エリーが　16ブロック　およぐと、エルダーガーディアン　まで
どれくらい　近づけますか？

....

3) エリーが　24ブロック　およぐと、エルダーガーディアン　まで
どれくらい　近づけますか？

....

手に入れた　数の
エメラルドを　色で　ぬろう！

大きさの ひとしい分数

エリーは もっと しんでんを 見てまわりたかったけれど、エルダーガーディアンと
たたかう力が もう ありません。いったん 海を出て、もちものを せいり
することに しました。

1

ここに もちもの画めんが 2こ あります。

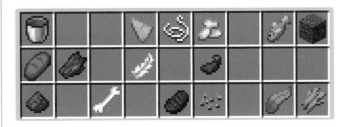 

1) 左の もちもの画めんの アイテムの半分を ×で けしましょう。（どのアイテムでもOKです。）

2) 右の もちもの画めんの アイテムの半分を ×で けしましょう。（どのアイテムでもOKです。）

エリーは 家にむかって 歩きはじめました。家を出る時に もっていた
やきブタと リンゴが まだ のこっています。そのうち いくつかを 食べて、
あまった ものは 明日のために とっておく ことに しました。

2

エリーは リンゴを 12こ と やきブタを 12こ もっています。
リンゴを 半分、やきブタを $\frac{2}{4}$ 食べます。
エリーは どちらの 食べものを より 多く 食べましたか？ 下の らんに 答えを
書きましょう。なぜ そう 考えたのか、理ゆうも 書きましょう。

手に入れた 数の
エメラルドを 色で ぬろう!

ぼうけんを おえて……

海に お出かけ

エリーは 海の たんけんを めいっぱい 楽しみました。これまでに 見たことのないような、きれいな ものや 場所をたくさん 見ました。色とりどりで、さまざまな 形や 大きさの 魚たちも。魚たちは サンゴの ブロックの まわりを およぎ、シーランタンや ナマコの光に てらされて、かがやいて いました。

イルカとの 出会い

イルカと いっしょに およぐのはすばらしい けいけん でした。おまけに、しずんだ船まで あんないして もらえましたしね。エリーは またすぐに 海にもどって、たんけんを つづけたい 気分です。かいてい しんでんもすばらしい けしき でした。しんでんの へやは ぜんぶ しらべたかった けれど、それは もっと強くなる まで おあずけ。あのエルダーガーディアンは ほんとにこわかったですね！

おうちにも 水の けしきを

エリーは 海が 大好き。家のまわりにも 海を 思い出せるような ものを 作ることに しました。新しい アイテムを つかって、かざりつけを しましょう。もう イメージは できています。プリズマリンのプール。そこに ながれ おちるたき。スイレンで いっぱいの池。そのまわりを かこむ サトウキビ。

いろいろな はかりかた

しまを はっ見

マックスは 木のボートを 作り、海を わたりました。水へい線の上に、せの高い キノコが たくさん 見えます。あそこは どうやら 小さな しまみたい。キノコを 目ざして、マックスは ボートの スピードを 上げます。

大きな キノコ

キノコの しまは かなり めずらしい場所で、たいていは、海の上に あります。「きんし」と よばれる、むらさき色の 地めんや 大きな 木のようなキノコが あちこちに 見えます。水もにごっていて、ここでは、うすい はい色を しています。

かわった ウシ

この しまにしか いない めずらしい どうぶつも います。ムーシュルームです。ムーシュルームは 赤と白のもようがある ウシで、せ中から キノコが 生えています。小麦を あげれば、なついて くれるでしょう。

かわってる… けど、すばらしい

とても うんが よければ、海がんに ながれついたなんぱ船を はっ見できる かもしれません。なんぱ船の 中には きっと、すばらしい アイテムがたくさん 入った チェストが あるはず。キノコのしまは ゆめの ような 場所。しんじられない ようなもの ばかりで、ワクワクする たんけんが まっていることでしょう。

長さ　と　高さ

しまに　ついた　マックスが　まっ先に　目にしたのは　むらさき色の　地めんでした。
かわって　いるのは　それだけでは　ありません。大きな　大きな
キノコが　生えています！

1

1) 右の　きんしの　高さは?

きんしの　高さは　　□　　ブロックぶん

きんし

2) ブロック　1この　高さは　1mです。この　きんしブロックの　高さは?

きんしの　高さは　　□　　m

2

右がわの　目もりは　それぞれの　キノコの　高さを　ブロックで　あらわして　います。
1ブロックは　1mの　高さが　あります。

1) 左の　キノコ①の　高さは?

ブロックの　数で　答えましょう。　□

mで　いうと、高さは　何m?　□　m

2) 右の　キノコ②の　高さは?

ブロックの　数で　答えましょう。　□

mで　いうと、
高さは　何m?　□　m

①　　②

| 10 |
| 9 |
| 8 |
| 7 |
| 6 |
| 5 |
| 4 |
| 3 |
| 2 |
| 1 |

3

ものさしを　つかって、下の絵の　長さを　はかろう。目もりは　1cm　たんい　です。

1)

0 1 2 3 4 5 6 7 8 9 10

□　cm

2)

0 1 2 3 4 5 6 7 8 9 10

□　cm

手に入れた　数の
エメラルドを　色で　ぬろう！

35

おもさ と かさ

マックスは　せの高い　キノコを　切ることに　しました。オノを　ふりおろす
たびに、大きな　キノコから　小さな　キノコが　おちてきます。
キノコの　シチューが　作れそう　ですね。

1

下の　てんびんを　見てください。それぞれの　文に　ついて、
わくの　中から　正しい　言葉を　えらんで　あなうめ　しましょう。

おもい　　　　　かるい

小さな　キノコ　　**せが　高い　キノコ**

1)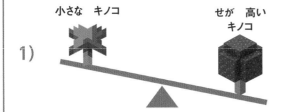

せが高い　キノコは

小さなキノコ　より ………………………………… 。

キノコの　シチュー　　**小さな　キノコ**

2)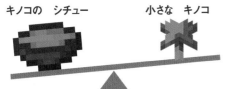

小さな　キノコは

キノコの　シチュー　より ………………………………… 。

2

はかりを　つかって　下の　それぞれの　アイテムの　おもさを　□に　かこう。

1)

□ g

2)

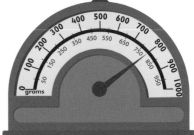

□ g

しばらくして、マックスは　ムーシュルームを　見つけました。ムーシュルームから ミルクを　とる時は　バケツを　つかいます。ボウルを　つかうと、キノコの シチューが　手に入ります。

3

右がわの　大がまを　見てください。水のびん　4本で、大がま1こを いっぱいに　できます。

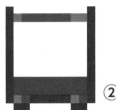

わくの　中から　正しい　ことばを　えらんで、下の文を　かんせいさせましょう。

まんたん	空っぽ	2ばい	半分	1	2	3	4

1) びんⒾの　水は　びんⒶの　水の　........................。

2) 水の　びんⒶは　........................。

3) 大がま①は　........................。

4) 大がま①を　いっぱいに　するには　水が　まんたんの　びんで　........................本 ひつよう。

5) 大がま②を　いっぱいに　するには　水の　びんで　あと　........................本　ひつよう。

4

それぞれの　絵の　左がわの　びんは　水が　いっぱいです。どちらも　右がわの 水さしに　水を　うつします。うつしおえた後、右がわの　水さしは　どこまで 水が　入って　いますか？　線を引いて、色をぬりましょう。

1)
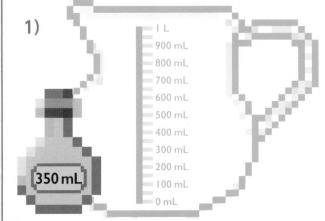

2)

おんど

[保護者の方へ]
※日本の算数のカリキュラムでは、「温度」の測り方は扱っていませんので、
　必要に応じて、お子さまのサポートをしてあげてください。

キノコの　しまは　くらしやすい　場所です。あつすぎず、さむすぎず、
雨は　ふりますが、雪は　ふりません。マックスには　すごしやすい　おんどです。

1

下の　おんど計を　見て、もんだいに　答えましょう。

さばく　　　　　　　　　　　キノコの　しま

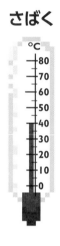

1) さばくの　おんどは ⬜ ℃。

2) さばくは　キノコの　しまより | あつい　さむい | 。（正しい　ほうに　〇を　つけましょう）

3) さばくと　キノコの　しまの　おんどの　ちがいは ⬜ ℃。

2

下の　おんど計を　見て、それぞれの　おんどを　⬜の中に　書きましょう。

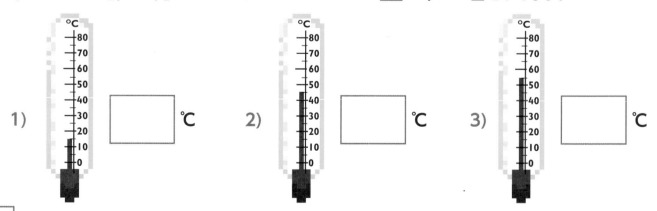

1) ⬜ ℃　　2) ⬜ ℃　　3) ⬜ ℃

キノコの　しまは　マックスが　見てきた　中でも、かなり　かわった　場所です。
でも、もうすぐ　家に　帰らないと　いけません。帰り道は、あたたかい
場所や　さむい場所を　通ることに　なるでしょう。

3

それぞれの　おんど計が　正しい　おんどを　あらわすように　色を　つけましょう。

1)　50℃　　　2)　35℃　　　3)　65℃

4

あるばん、キノコの　しまと　さばくの　おんどは　12℃　ちがいました。
キノコの　しまと　さばくの　おんどは　何ど　だったでしょう?
考えられる　答えを　自由に　3つ　書きましょう。

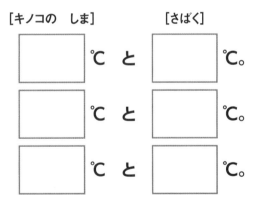

[キノコの　しま]　　　[さばく]

　　℃　と　　　℃。

　　℃　と　　　℃。

　　℃　と　　　℃。

手に入れた　数の
エメラルドを　色で　ぬろう!

時こくと時間

マックスが　時間を　知りたがっています。下の時計が　何時何分を　さしているか、マックスに　教えて　あげましょう！

それぞれの　時計は　何時何分を　さしているでしょう?
正しい　答えに　〇を　つけましょう。

1)

| 12時 | 2時 |

2)

| 7時15分前 | 6時15分前 |

3)

| 6時半 | 5時半 |

4)

| 3時15分 | 9時15分 |

時計の絵を　さんこうに　して、つぎの　それぞれの　時間が　何分を
あらわして　いるかを　書きましょう。

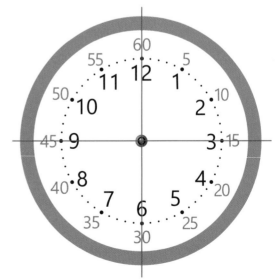

1) 1時間 = □ 分

2) 2時間 = □ 分

3) 1時間の半分 = □ 分

4) 1時間の $\frac{1}{4}$ = □ 分

5) 1時間の $\frac{3}{4}$ = □ 分

マックスは　そろそろ　家に帰る　時間です。その前に、もう少し
キノコを　あつめましょう。ムーシュルームも　つれて帰れたら　よかったですね。
マックスが　ムーシュルームに　おわかれを　している間に、つぎの　もんだいに
答えましょう。

3

❤ 時計の中の　□に　分の　数を　書きましょう。
　　□と□の間は5分です。

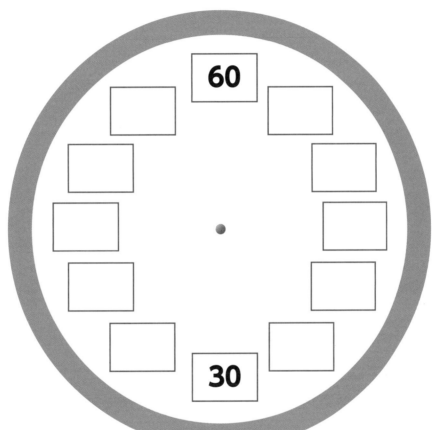

4

❤ 下の時計を　見て、スタートから　ゴールまで、どれくらいの　時間が
　　たっているか　□に　書きましょう。

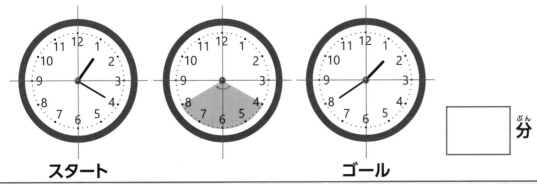

スタート　　　　　　　　　ゴール

分

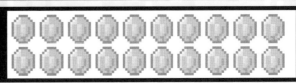

41

お金 の 数えかた

マックスは ムーシュルームの しまで 見つけた しなものを お金に 交かんする
ために 村に 立ちよりました。

下のお金は それぞれ いくら ですか?

1) ....

2) ....

3) ....

下の絵の お金は ぜんぶで いくら ですか?

☐ 円

3

右の ぶたの ちょ金ばこに
350円の お金が
入っているように
コインの絵を 書きましょう。

※コインの組み合わせは
自由です。

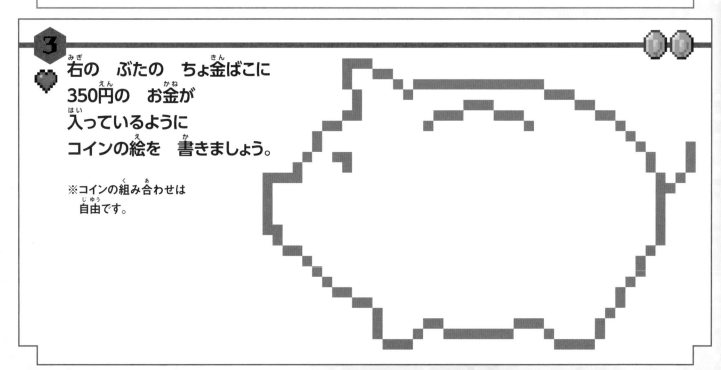

手に入れた 数の
エメラルドを 色で ぬろう!

ぼうけんを おえて……

大よろこび の オオカミ

マックスは 村を 出ました。歩いていると、なつかしい 友だちの オオカミが 家で まって いました。マックスが げんかんを 開けるより 早く、オオカミが 飛び出てきて、マックスに 飛びつきました。オオカミを なでたり だき合ったり した後、マックスは しまの ぼうけんを ふりかえって 考えました。

おもしろい しま!

マックスは あんなに すばらしい 場所が あるとは 思って いません でした。キノコの しまは ほかの 場所とは ぜんぜん ちがいます。大きな キノコに、ムーシュルームという ウシ。まるで ゆめのよう でした! あまり アイテムは もち帰れません でしたが、新たな はっ見が たくさん ありました。

ムーシュルームとの 思い出

マックスは ムーシュルームを 家の のう場に つれて 帰りたくて たまりません でしたが、ほかの ウシたちの ことを 考えて つれて 帰りません でした。 今日は へいわな 1日 でした。モンスターに おいかけられたり することも ありませんでした。マックスは あちこちを たんけんしました。およいで、歩いて、もう くたくたです。すわって、くつろいで いると、マックスは すぐに ねむって しまいました。

形 と パターン

くらがりの 中へ

エリーが さん歩を していると、森の中から 大きな キノコが つき出ているのを 見つけました。エリーは そのまま すすみ、くらい 森の中に 入って いきます。

出口は どこ?

くらい森は まさに 名前の 通りの場所。とにかく くらくて、木が おいしげって います。いちど 入って しまったら、出るのは 大へん。木と木が みを よせ合って 生えています。花が 生える場所は ないし、太ようの 光は とどきません。

何が かくれているか わからない!

ここには たくさんの モンスターが かくれています。オークの木を ゾンビと 見まちがえて しまうことも あるでしょう。歩いて いると、上から クリーパーが おちてくる… なんて こ とも あるかも? こんなに くらい森で クリーパーと 出会ってしまったら きけんです。にげる 場所が ありません。

頭上 と 足下に ちゅうい!

キノコの しまに 生えていた ような、大きな キノコも ときどき 生えて います。ぼんやり して いると、どうくつに まよいこんで しまう こと も あるでしょう。でも、どうくつの中で たからものが 見つかる かもしれません。地上にも たからものは ありますが、見つけられるのは、ゆうかんな ぼうけんしゃ だけです。

44

絵の形

エリーは 少し 道に まよって しまいました。たくさん 生えている 木が いろいろな 形に 見えてきます。

1

その形を 見て、エリーは この け色を 絵に書いて、家に かざりたいと 考えました。エリーの 考えた絵は 下の ようなもの です。

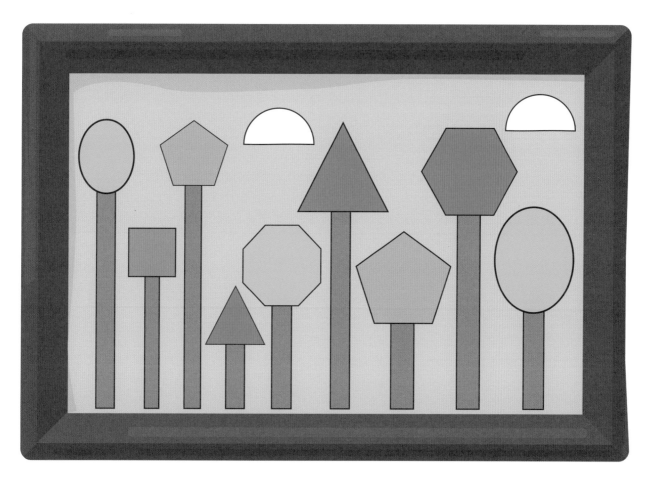

それぞれの 形は いくつ ありますか?

1) 正方形 　□

2) 長方形 　□

3) 三角形 　□

4) 丸の半分 　□

5) 細長い丸 　□

6) 六角形 　□

7) 八角形 　□

8) 五角形 　□

エリーは しばらく あたりを 歩き回り ました。やがて、目の前に おやしきが 見えて きました。なんて 大きな おやしき でしょう! エリーは しらべて みようと 思いました。エリーが おやしきの ドアに むかっている間に、絵の形に ついて、いくつか しつもんに 答えましょう。

※「たいしょうな図形」は、日本のカリキュラムでは小6でならいます。

2

下に あるのは エリーが 見つけた おやしきの 絵です。形の中には、「左右が たいしょう」の ものが あります。「左右が たいしょう」とは まん中に たての 線を引いて、2つに 分けた時、右がわと 左がわが 同じに 見える 絵の ことです。下の おやしき には「左右が たいしょう」になる 形が 6こ あります。その形に 〇を つけましょう。

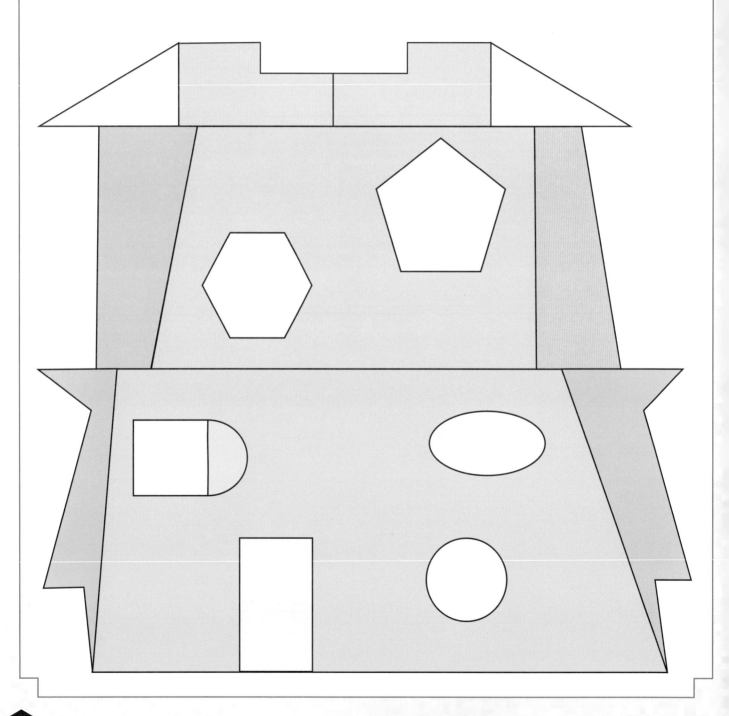

それぞれの形の へん と 角の 数を 下の ひょうの 中に 書きましょう。
その形の 右と左が たいしょう なら、「左右が たいしょう」の れつに ○を つけましょう。

形	へんの数	角の数	左右が たいしょう
⬤			
△			
▮			
▬			
⌐			
⬭			
⬠			
⬡			

つみ木の 形

エリーが おやしきの ドアを 開けると、いくつも ドアが ついている 大きな
へやが ありました。エリーは たんけんして みることに します。エリーは ドアを
一つ えらんで、つぎの へやに 入りました。かべに 大きな絵が かかっています。

1

絵を 見ている うちに、エリーは じぶんが ほりたい ちょうこくの アイディアが
うかんで きました。下の絵の ような ちょうこく です。

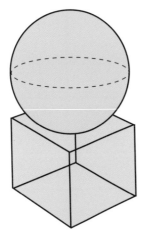 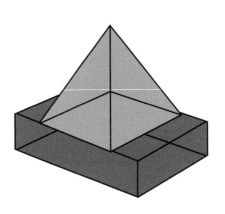

上の ちょうこくに つかわれている つみ木の形 ぜんぶに ○を つけましょう。
□の中に ○を つけましょう。

 　　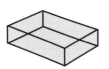 　　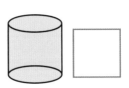　　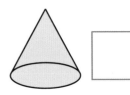

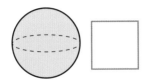　　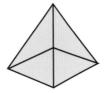 　　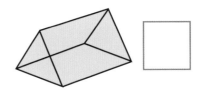

2

下の つみ木に にている 形の 名前を □の中から えらんで 書きましょう。

1)

2)

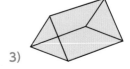

3)

....

> アイスのコーンの形　　三角のやねの形　　つつの形

48

おやしきの　中は　びっくりする　くらい　しずかです。
ほとんど　何も　おいて　いない　へやも　あれば、いろいろな　形の　かわった　ものが
おいてある　へやも　あります。

3

下の　つみ木の　形の　「にているものの　名前」「めんの数」「ちょう点の数」を　書いて
ひょうを　かんせい　させましょう。ちょう点とは、角のはし　にある　点の　ことです。
「にているものの　名前」は、下の□の中から　えらんで　書きましょう。

形	にているものの名前	めんの数	ちょう点の　数
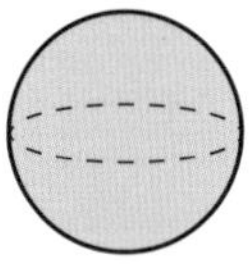			
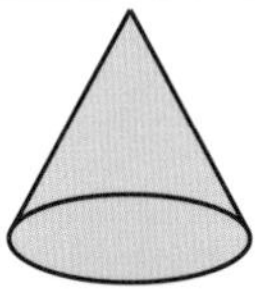			
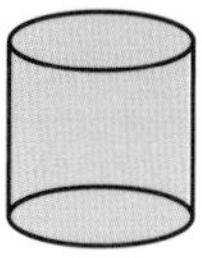			
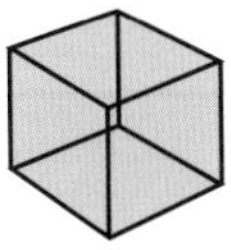			
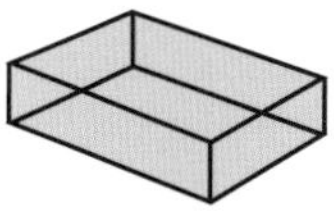			
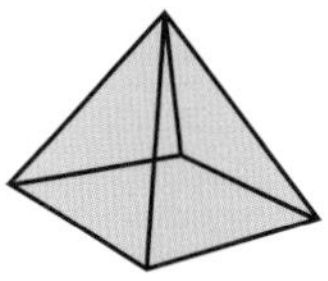			
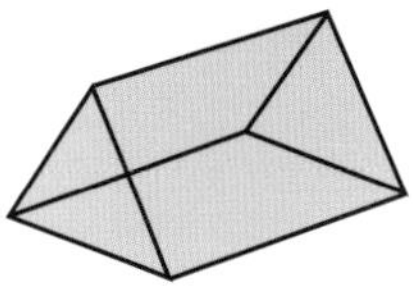			

つつの形　　　はこの形　　　三角のやねの形　　　ボールの形

アイスのコーンの形　　　サイコロの形　　　ピラミッドの形

手に入れた　数の
エメラルドを　色で　ぬろう!

パターン

ある　へやで、エリーは　カラフルな　もようの　ゆかを　見つけました。
この　もようの　おかげで、ゆったりした　気分に　なれます。

1

この　おやしきの　ゆかの　パターンを
見てください。しゅるいの　ちがう　ブロックの
組み合わせで　できています。
このパターンから、ブロックが　6こ　なくなって
います（白い　ぶぶんが　そうです）。
白い　ぶぶんに　正しい色を　ぬって、
パターンを　かんせい　させましょう。

2

つぎは　右の　ゆかの
パターンを　見てください。
しゅるいの　ちがう　ブロックの
組み合わせで　できています。
このパターンから、ブロックが
6こ　なくなって　います
（白い　ぶぶんが　そうです）。
白い　ぶぶんに　正しい
色を　ぬって、パターンを
かんせい　させましょう。

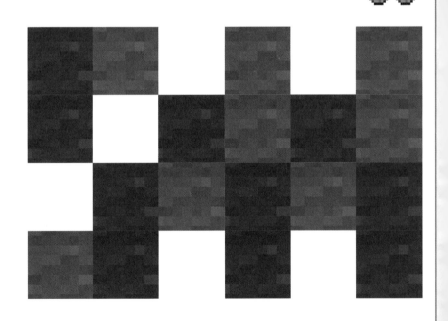

いろいろな　へやを　見て回った後、エリーは　にわを　見つけました。
メロン、カボチャ、ほかにも　作もつが　たくさん。
きっと　だれかが　そだてて　いるのでしょう。

3

この　おやしきの　やねの　パターンを
見てください。しゅるいの　ちがう
ブロックの　組み合わせで　できています。
このパターンから、ブロックが　6こ
なくなって　います（白い　ぶぶんが
そうです）。白い　ぶぶんに　正しい色を
ぬって、パターンを　かんせい
させましょう。

この　おやしきには、のう場も　あり、いろいろな　作もつを　そだてています。

4

この　のう場の　パターンを
見てください。数しゅるいの
作もつが　そだっていて、
このパターンから、ブロックが
6こ　なくなって　います（白い
ぶぶんが　そうです）。白い
ぶぶんに　正しい　作もつの絵を
書いて　パターンを　かんせい
させましょう。

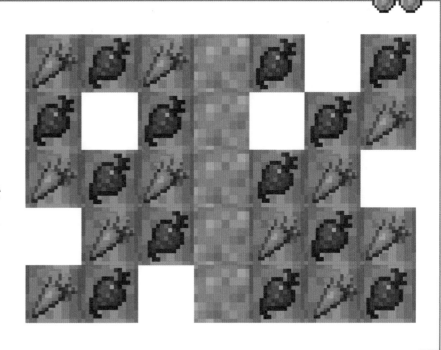

手に入れた　数の
エメラルドを　色で　ぬろう！

形 と パターン

きそくせい

おくの　かべぎわに、キノコや　花が　生えている　場所が　ありました。
エリーは　それらが　きまった　じゅんばんで　うえられている　ことに　きが　つきました。
エリーが　近づくと、だれかに　後ろから　かたを　たたかれました……。

1

キノコ　と　シダが　ならんでいます。左から　右の　ほうこうに　見てください。
つぎの　□には、何が　入るでしょうか?
絵の下にある　番号を　□に　書いて　答えましょう。

2

お花が　ならんでいます。左から　右の　ほうこうに　見てください。
つぎの　3この　□には、何が　入るでしょうか?
絵の下にある　番号を　□に　書いて　答えましょう。

エリーが ふりむくと… そこには おこった エヴォーカーが！
とつぜん、まわりの ゆかから トゲが 生えて きます。
エリーは エヴォーカーの まわりを 回りながら、せいいっぱい
けんを ふります。エヴォーカーは たおれ、キラキラと 光る
ものを おとしました。こんな おやしき からは 早く
にげましょう。でも、ここは まるで めいろ です。
エリーは ろう下を 走りぬけ、出口を さがします。

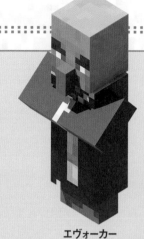

エヴォーカー

3

エリーが 通りすぎた ドアも 3まいごとに決まった パターンで ならんでいる みたい。
本当に そうでしょうか？

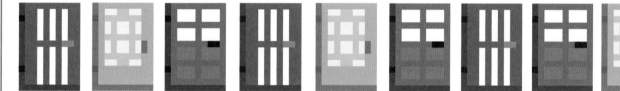

このパターンは 正しい？ まちがっている？ その理ゆうも 教えてください。

4

 下のマスに 自分で 考えた くりかえしの パターンを じゆうに書きましょう。
パターンに つかう形は 3しゅるいまで です。

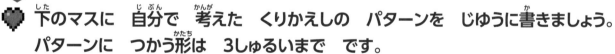

手に入れた 数の
エメラルドを 色で ぬろう！

1回てん、$\frac{1}{4}$回てん、$\frac{1}{2}$回てん

エリーは おやしきの 出口を さがしますが まよって しまいました。
エリーが ろう下を 正しく まがれる ように、手つだって あげましょう。

1

下の絵を つかって、1〜3の しつもんに 答えましょう。

		本だな
		カボチャの ランタン
		うえ木ばち
		ジュークボックス
		たいまつ

エリーが うえ木ばちの ほうを むいている時、

1) エリーは 1回てん します。今は .... の ほうを むいています。

2) エリーは $\frac{1}{2}$回てん します。今は .... の ほうを むいています。

3) エリーは 時計の はり とは はんたいの ほうこうに $\frac{1}{4}$回てん します。

今は .... の ほうを むいています。

4) エリーは 時計の はりの ほうこうに $\frac{1}{4}$回てんを 3回します。

今は .... の ほうを むいています。

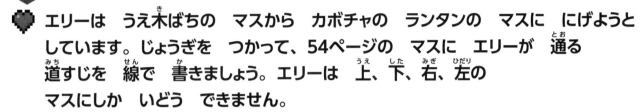

てつの オノを もった じゃあくな 村人たちが おいかけて きます。
エリーが にげきれる ように 正しい 道じゅんを 教えて あげましょう。
ぶじに にげられる でしょうか?

2

♥ エリーは うえ木ばちの マスから カボチャの ランタンの マスに にげようと しています。じょうぎを つかって、54ページの マスに エリーが 通る 道すじを 線で 書きましょう。エリーは 上、下、右、左の マスにしか いどう できません。

3

♥ 54ページに ある スタート地点から、エリーは ジュークボックスの ある マスに いどう します。こんどは ジュークボックスの ある マスから、本だなの ある マスに いどう します。下の □の中の ことばを つかって、これらの いどうを 記ごうを つかって せつめいしよう。

ア：3マス 前にすすむ　　イ：後ろにすすむ　　ウ：左にすすむ

エ：右にすすむ　　オ：1回てんする　　カ：$\frac{1}{2}$回てんする

キ：$\frac{1}{4}$回てんする　　ク：時計の はりの ほうこうに

ケ：時計の はりと はんたいの ほうこうに

(れい)　ア→ク→カ……のように 答えましょう。

....

....

....

形 と パターン

ひょう と グラフ

エリーは ようやく おやしきを 出て、あんぜんな 場所に にげました。おやしきで 手に入れた おたからを 見てみましょう。エリーは あの おやしきには だれも すんで いないと 思って いました。だれか いると 知っていたら、アイテムを とりに行く ことは なかった でしょう。

1

下の絵は エリーが 手に入れた いろいろな アイテムの 数を あらわして います。

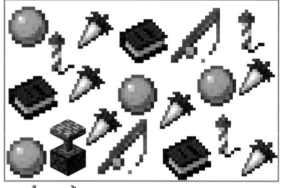

アイテム	数
本	
スライムボール	
つりざお	
金の ニンジン	
ねんちゃくピストン	
花火	

この絵を 見て、それぞれの アイテムが いくつ あるか 数えましょう。
右の ひょうに 数を 入れて かんせい させましょう。

2

もんだい **1** で 作った データを つかって、グラフを 作りましょう。
それぞれの アイテムの 数の ぶんだけ、グラフの □ の中に ○を かきましょう。

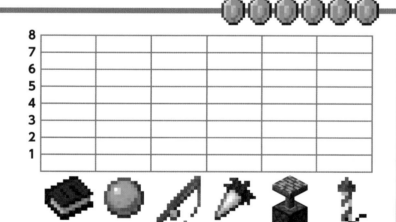

3

もんだい **1 2** で 作ったデータに ついて、つぎの しつもんに 答えましょう。

1) 金のニンジンは 本より 何こ多いでしょう?

□ こ

2) エリーは ぜんぶで アイテムを 何こ 手に入れたでしょう?

□ こ

手に入れた 数の エメラルドを 色で ぬろう!

56

ぼうけんを おえて……

きき いっぱつ

エリーは ようやく 森から 出られました。じゃあくな 村人たちに おわれて、つかれきって しまいました。あんな 人たちが いると 知っていたら、あそこには 近よらなかった でしょう。知っていたら、ぶきや ぼうぐを じゅんび していた はずです。

なぞの 像

エリーは たくさんの アイテムを 手に入れましたが、それらは もしかしたら じゃあくな 村人たちが ぬすんできた ものだったの かも しれません。もちぬしが 分かれば、その 人にかえす ことも できるかもしれません。エリーが 見つけた アイテムの中には、ふしぎな 像も ありました。家に 帰ったら、マックスに 聞いて みましょう。なにか 知っているかもしれません。

とても レアな アイテム

エリーは その 像を 見て、一目で 分かりました。これは不死のトーテム。森の おやしきの 中で しか 見つからない、とても レアな まほうのアイテムです。これを もっていると、そのばで 生きかえる ことが できます。ただし、一度だけ。マックスと エリーは おどろいて、トーテムを 見つめています。つぎの ぼうけんで ひつようになるかも しれません。その時まで 大切に とって おくことにしました。

答え

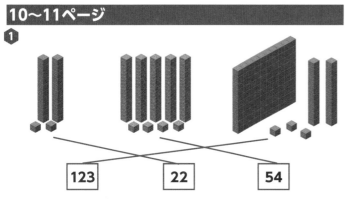

| 123 | 22 | 54 |

[1もん せいかい につき エメラルド 1こ]

[エメラルド 1こ]

[エメラルド 1こ]

2.

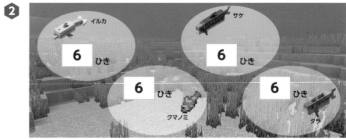

[エメラルド 1こ]

22〜23ページ

① 30 [エメラルド 1こ]
② 25 [エメラルド 1こ]
③ 70 [エメラルド 1こ]
④ 1) 10 [エメラルド 1こ]
2) 4 [エメラルド 1こ]
3) 2 [エメラルド 1こ]

24〜25ページ

① 1)

8 [エメラルド 1こ]

2)

10 [エメラルド 1こ]

3)

12 [エメラルド 1こ]

② 1) 24 [エメラルド 1こ]
2) 40 [エメラルド 1こ]
3) 48 [エメラルド 1こ]
③ 1) $12 \div 2 = 6$ [エメラルド 1こ]
2) $14 \div 2 = 7$ [エメラルド 1こ]
④ 8 → 16 → 32 → 64 [1もん せいかい につき エメラルド 1こ]
⑤ 1) 18 [エメラルド 1こ]
2) 26 [エメラルド 1こ]
3) 34 [エメラルド 1こ]

26〜27ページ

① 2 [エメラルド 1こ]
② 24 [エメラルド 1こ]
③ 1) 10 [エメラルド 1こ]
2) 5 [エメラルド 1こ]
3) 4 [エメラルド 1こ]
4) 2 [エメラルド 1こ]
④ ネザライトの けんが 一番 いい。 [エメラルド 1こ]
一番 少ない こうげき回数で
ドラウンドを たおせる から。 [エメラルド 1こ]
⑤ 6 [エメラルド 1こ]

28〜29ページ

① 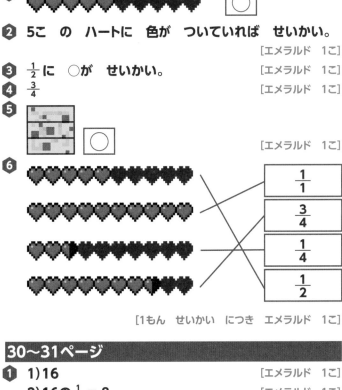 ◯ [エメラルド 1こ]
② 5こ の ハートに 色が ついていれば せいかい。 [エメラルド 1こ]
③ $\frac{1}{2}$ に ◯が せいかい。 [エメラルド 1こ]
④ $\frac{3}{4}$ [エメラルド 1こ]
⑤ ◯ [エメラルド 1こ]
⑥

| | $\frac{1}{1}$ |
| $\frac{3}{4}$ |
| $\frac{1}{4}$ |
| $\frac{1}{2}$ |

[1もん せいかい につき エメラルド 1こ]

30〜31ページ

① 1) 16 [エメラルド 1こ]
2) $16の \frac{1}{2} = 8$ [エメラルド 1こ]
② 1) 5 [エメラルド 1こ]
2) 15 [エメラルド 1こ]
③ 1) 6 [エメラルド 1こ]
2) 12 [エメラルド 1こ]
3) 8 [エメラルド 1こ]
4) 18 [エメラルド 1こ]
④ 1) $\frac{1}{4}$ [エメラルド 1こ]
2) $\frac{1}{2}$ [エメラルド 1こ]
3) $\frac{3}{4}$ [エメラルド 1こ]

32ページ

① 1) 持ちものの うち、8この アイテムに ×が
ついて いれば せいかい。 [エメラルド 1こ]
2) 持ちものの うち、8この アイテムに ×が
ついて いれば せいかい。 [エメラルド 1こ]
② エリーは リンゴと やきブタを 同じ かず 食べた。 [エメラルド 1こ]

$12 \div 2 =$ リンゴ 6こ
やきブタ 12この $\frac{1}{4}$ は 3こ なので、$\frac{2}{4}$ は 6こ。 [エメラルド 1こ]

35ページ

① 1) 1 [エメラルド 1こ]
2) 1 [エメラルド 1こ]

② 1) 4、4　　　[1もん　せいかい　につき　エメラルド　1こ]
　　2) 6、6　　　[1もん　せいかい　につき　エメラルド　1こ]
③ 1) 6　　　[エメラルド　1こ]
　　2) 8　　　[エメラルド　1こ]

36〜37ページ

① 1) おもい　　　[エメラルド　1こ]
　　2) かるい　　　[エメラルド　1こ]
② 1) 450　　　[エメラルド　1こ]
　　2) 800　　　[エメラルド　1こ]
③ 1) 半分　　　[エメラルド　1こ]
　　2) まんたん　　　[エメラルド　1こ]
　　3) 空っぽ　　　[エメラルド　1こ]
　　4) 4　　　[エメラルド　1こ]
　　5) 3　　　[エメラルド　1こ]
④ 1) 水さしの　350mLの　線まで　色が　ついて
　　　いれば　せいかい。　　　[エメラルド　1こ]
　　2) 水さしの　850mLの　線まで　色が　ついて
　　　いれば　せいかい。　　　[エメラルド　1こ]

38〜39ページ

① 1) 40　　　[エメラルド　1こ]
　　2) あつい　　　[エメラルド　1こ]
　　3) 20　　　[エメラルド　1こ]
② 1) 15　　　[エメラルド　1こ]
　　2) 45　　　[エメラルド　1こ]
　　3) 55　　　[エメラルド　1こ]
③ 1)　2)　3)

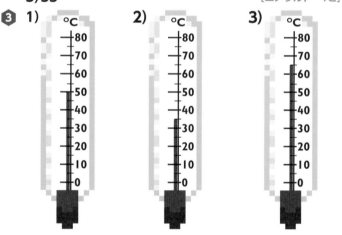

[1もん　せいかい　につき　エメラルド　1こ]

④ ふさわしい　答え　3つなら、何でも　せいかい。
　　れい：5℃　と　17℃
　　　　　10℃　と　22℃
　　　　　13℃　と　25℃

[1もん　せいかい　につき　エメラルド　1こ]

40〜41ページ

① 1) 2時　　　[エメラルド　1こ]
　　2) 7時15分前　　　[エメラルド　1こ]
　　3) 5時半　　　[エメラルド　1こ]
　　4) 9時15分　　　[エメラルド　1こ]
② 1) 60　　　[エメラルド　1こ]

---

　　2) 120　　　[エメラルド　1こ]
　　3) 30　　　[エメラルド　1こ]
　　4) 15　　　[エメラルド　1こ]
　　5) 45　　　[エメラルド　1こ]
③

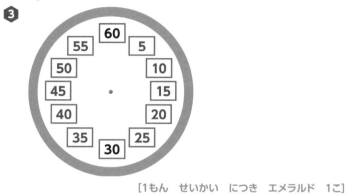

[1もん　せいかい　につき　エメラルド　1こ]

④ 20　　　[エメラルド　1こ]

42ページ

① 1) 1000円　　　[エメラルド　1こ]
　　2) 500円　　　[エメラルド　1こ]
　　3) 10000円　　　[エメラルド　1こ]
② 393円　　　[エメラルド　2こ]
③ 350円　までの　コインの　組み合わせは　じゆう。
　　ふさわしい　こたえなら　　　[エメラルド　2こ]
　　すべて　せいかい。

45〜47ページ

① 1) 1　　　[エメラルド　1こ]
　　2) 7　　　[エメラルド　1こ]
　　3) 2　　　[エメラルド　1こ]
　　4) 2　　　[エメラルド　1こ]
　　5) 2　　　[エメラルド　1こ]
　　6) 1　　　[エメラルド　1こ]
　　7) 1　　　[エメラルド　1こ]
　　8) 2　　　[エメラルド　1こ]
②

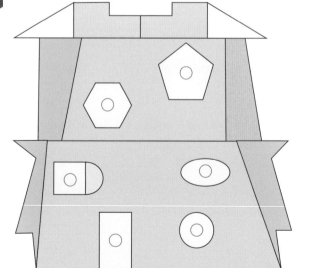

[1もん　せいかい　につき　エメラルド　1こ]

3 下の ように なって いれば せいかい。

形	へんの数	角の数	左右が たいしょう	
⬤	0	0	○	[エメラルド 1こ]
▲	3	3	○	[エメラルド 1こ]
■	4	4	○	[エメラルド 1こ]
▬	4	4	○	[エメラルド 1こ]
⬦	6	6	×	[エメラルド 1こ]
⬭	0	0	○	[エメラルド 1こ]
⬠	5	5	○	[エメラルド 1こ]
⬡	6	6	○	[エメラルド 1こ]

48〜49ページ

1

[1もん せいかい につき エメラルド 1こ]

2 1)アイスのコーンの形 [エメラルド 1こ]
2)つつの形 [エメラルド 1こ]
3)三角のやねの形 [エメラルド 1こ]

3 下の ように なっていれば せいかい。

形	にているものの名前	めんの数	ちょう点の数	
⬤	ボールの形	1	0	[エメラルド 1こ]
▲	アイスのコーンの形	2	1	[エメラルド 1こ]
▯	つつの形	3	0	[エメラルド 1こ]
⬡	サイコロの形	6	8	[エメラルド 1こ]
▱	はこの形	6	8	[エメラルド 1こ]
◣	ピラミッドの形	5	5	[エメラルド 1こ]
◢	三角のやねの形	5	6	[エメラルド 1こ]

50〜51ページ

1

[正しく ぬられている色 1色につき、エメラルド 1こ]

2
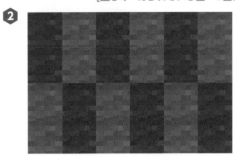

[正しく ぬられている色 1色につき、エメラルド 1こ]

3
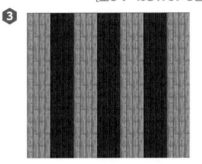

[正しく ぬられている色 1色につき、エメラルド 1こ]

4
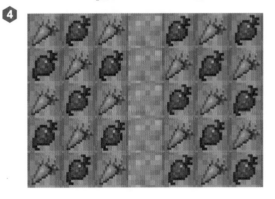

[正しく 書かれている作もつ 1しゅるい につき、エメラルド 1こ]

52〜53ページ

1
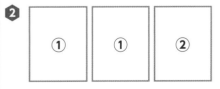
②

[エメラルド 3こ]

2
① ① ②

[1もん せいかい につき エメラルド 1こ]

3 まちがっている [エメラルド 1こ]

右がわの　さいごの　ドア　2まいを　入れかえる
ひつようが　ある。　　　　　　　　　　[エメラルド　1こ]

④ ふさわしい　ならびかたを　していたら、何でも
せいかい(パターンに　つかう　形は　3しゅるい
まで)。　　　　　　　　　　　　　　　[エメラルド　1こ]

54〜55ページ

① 1)うえ木ばち　　　　　　　　　　　　[エメラルド　1こ]

2)ジュークボックス　　　　　　　　　[エメラルド　1こ]

3)本だな　　　　　　　　　　　　　　[エメラルド　1こ]

4)本だな　　　　　　　　　　　　　　[エメラルド　1こ]

② うえ木ばち　から　カボチャの　ランタンまで、
てきせつな　ルートで　あれば、何でも　せいかい
(いどう　できるのは　上、下、左、右だけ)。

　　　　　　　　　　　　　　　　　　　[エメラルド　1こ]

③ エリーが　スタート　ちてんから　ジュークボックスへ、
それから　ほんだなへ　いどうする　てきせつな
ルートで　あれば、なんでも　せいかい。
れい:
カ→ア→ク→キ→ア→ク→キ→ア
　　　　　　　[正しい　いどう　であれば、エメラルド　5こ]

56ページ

①

アイテム	数
本	3
スライムボール	4
つりざお	2
金のニンジン	6
ねんちゃくピストン	1
花火	3

　　　[正しく　書かれている　数　1こ　につき、エメラルド　1こ]

②

　[正しく　書かれている　アイテムのグラフ　1つにつき、エメラルド　1こ]

③ 1)3　　　　　　　　　　　　　　　　[エメラルド　1こ]

2)19　　　　　　　　　　　　　　　　[エメラルド　1こ]

エメラルドを 交かんしよう!

きみの おかげで マックスと エリーの ぼうけんは 大せいこう!
もんだいに 正かいして エメラルドを たくさん もらえましたか?
あつめた エメラルドを このページの お店で アイテムと 交かんしましょう!
つぎは きみが 自分で ぼうけんに 出かける ところを そうぞうして みましょう。
あつめた エメラルドで ひつような アイテムを そろえましょう。
きみなら なにを えらぶ? おうちの 人に 手つだって もらって、
あつめた エメラルドの 数を □ の中に 書きましょう!

いらっしゃい。

おめでとう!
よく がんばりましたね!
あつめた エメラルドは
ぜんぶ つかわずに
大切に ためるのも
いいですね。
ちょ金も
だいじ
だから
ね!

おみせの しょうひん

- てつのよろい:エメラルド15こ
- てつのレギンス:エメラルド12こ
- てつのヘルメット:エメラルド8こ
- てつのブーツ:エメラルド6こ
- ダイヤモンドのよろい:エメラルド30こ
- ダイヤモンドのレギンス:エメラルド24こ
- ダイヤモンドのかぶと:エメラルド16こ
- ダイヤモンドのブーツ:エメラルド12こ
- たて:エメラルド20こ
- かね(ベル):エメラルド5こ
- エンチャントされた てつのよろい:エメラルド25こ
- エンチャントされた てつのブーツ:エメラルド10こ
- エンチャントされた ダイヤモンドのブーツ:エメラルド20こ
- エンチャントされた ダイヤモンドのよろい:エメラルド50こ
- エンチャントされた ダイヤモンドのレギンス:エメラルド40こ

※「マインクラフト」のゲーム内で、アイテムがもらえる
ということではございませんので、ご了承ください。

【監修】夏坂哲志（なつさかさとし）

筑波大学附属小学校副校長。青森県の公立小学校を経て、現職。筑波大学人間学群教育学類非常勤講師、全国算数授業研究会会長、日本数学教育学会常任幹事、学校図書教科書「小学校算数」執筆・編集委員、隔月刊誌「算数授業研究」編集委員。
『新しい発展学習の展開算数科小学校3～4年』（小学館）ほか著書多数。

MINECRAFT
マインクラフト 公式ドリル

ステップ 2
7.8才におすすめ

さんすう
[数・図形・パターン]

2022年10月18日　初版第1刷発行
2024年4月6日　　第5刷発行

発行人／野村敦司
発行所／株式会社　小学館
〒101-8001　東京都千代田区一ツ橋2-3-1
編集：03-3230-5432　販売：03-5281-3555

印刷所／TOPPAN株式会社
製本所／株式会社 若林製本工場

[日本語版制作]
翻訳／Entalize
訳者／武藤陽生
DTP／株式会社 昭和ブライト
デザイン／安斎 秀（ベイブリッジ・スタジオ）

制作／後藤直之
販売／福島真実
宣伝／鈴木里彩
編集／飯塚洋介